Deutsche Vorträge
Hamburgischer Professoren

7.

Rudolf Tschudi

Der Islam und der Krieg

6. November 1914

Hamburg
L. Friederichsen & Co.
(Dr. L. u. R. Friederichsen)
1914

Preis 50 Pfennig

Der Reinertrag ist für die Hamburgische Kriegshilfe bestimmt

Als vor einer Woche am Bosporus und bei Sebastopol die Kanonen donnerten, da mochte es scheinen, es habe ein neuer Abschnitt des Weltkrieges begonnen. Aber so groß die militärische Bedeutung des Eingreifens der Türkei werden kann, die Probleme, die durch die Waffen entschieden werden müssen, hat es nicht vermehrt; denn schon seit Anfang August wird, obwohl man beim Kriegsausbruch nichts davon hörte, auch um das Schicksal des osmanischen Reiches und die Zukunft des Islams gekämpft. Würden Rußland und England siegen, so verlöre die Türkei selbst dann ihre Unabhängigkeit, wenn sie sich gar nicht am Kampfe beteiligt hätte. Nur nach der Niederlage dieser beiden Weltmächte kann das Osmanenreich weiterbestehen und die großen Ziele, die es sich gesteckt hat, zum Heile des Orients zu erreichen suchen. Wie für die ganze Weltpolitik so ist im besondern für das Verhältnis der Türkei zu den europäischen Großmächten die russisch-englische Annäherung, die zum Vertrag über die Aufteilung Persiens führte, der Angelpunkt. Rußland ist der alte Feind der Türkei. In Konstantinopel als Erben der Byzantiner einzuziehen, die Sophienmoschee wieder zur Sophienkirche der orthodoxen Christenheit zu machen und durch den Besitz der Dardanellen den Zugang zum Mittelmeer zu gewinnen, das waren stets die höchsten Ideale der russischen Politik. Solange daher das englische Weltreich es wagte, dem slawischen Rivalen entgegenzutreten, war es — wenigstens äußerlich — der natürliche Freund der Türkei. Aber der Neid auf Deutschlands wachsende Macht ließ England seine traditionelle Politik aufgeben. Statt die Gefahr in Asien, die nach den russischen Niederlagen im fernsten Osten für das britische Imperium nur noch größer geworden war, klar zu sehen, starrte England über die Nordsee. Der Hort der Kultur und des Liberalismus paktierte mit dem Zarenreich, um es einst gegen uns gebrauchen zu können. So kam die Aufteilung Persiens zustande,

Da dieser Vortrag sich nicht an die Fachgenossen wendet, gebe ich die benützte Literatur nicht an. Aber daß ich das meiste den Schriften und Vorlesungen meines verehrten Lehrers C. H. Becker verdanke, möchte ich doch hervorheben.

und da England ein Mal sich schwach gegen Rußland gezeigt hatte, mußte es bald weiter zurückweichen. Wenn die von den Japanern geschlagenen Russen nicht freie Hand gegenüber der Türkei hatten, blieb ihnen als Feld für die Expansion nach dem südlichen Meere nur Zentralasien. Vom persischen Golf aber ist der Weg nach Indien nicht mehr weit. Daher mußte England, um seine wertvollste Kolonie zu retten, Rußland anderswo zufrieden stellen, und wo war diesem ein glänzenderer Ersatz zu bieten als eben am Goldenen Horn! Daher sollte auf die Teilung Persiens die der Türkei folgen, und etwa seit 1907 versuchten Rußland und England, die Türkei mit allen Mitteln zu schwächen.

Deutschland dagegen bemühte sich redlich, den „kranken Mann" zu heilen; es hat in der Türkei ein ungeheures Kapital investiert und ein wichtiges Absatzgebiet für die Produkte seiner Industrie gefunden, und diese friedliche Eroberung durch deutschen Unternehmungsgeist und deutschen Fleiß brachte auch der Türkei nur Nutzen und Gewinn, da für Deutschland, die einzige nicht ans Mittelmeer grenzende Großmacht, politische Eroberungen — etwa in Kleinasien — gar nicht in Frage kommen. Aber eben weil wir die anatolische Bahn, die Bagdadbahn, die Bewässerungsanlagen bei Konja und all die andern deutschen Werke nicht direkt zu schützen vermögen, muß die Türkei selbst stark genug dazu und vollständig unabhängig von den uns feindlich gesinnten Großmächten sein. Diesem Zwecke dienten die deutschen Militärmissionen. Wenn sie früher nicht alle Teile des türkischen Heerwesens gründlich reformieren konnten, so lag das nur an ihrer mehr beratenden Stellung, die ihnen zu wenig Befugnisse gab. In jüngster Zeit ist ja hierin ein erfreulicher Wandel eingetreten; wir würden daher die türkische Armee weit unterschätzen, wollten wir sie nur nach den Mißerfolgen des Balkankrieges beurteilen.

Wie sehr die Freundschaft zwischen Deutschland und der Türkei den wahren Interessen beider Staaten entspricht, zeigten am deutlichsten die Jahre nach der jung-türkischen Revolution und der Absetzung Abdul-Hamids. Da wir uns zu ausschließlich an den Sultan und seine Ratgeber gehalten hatten, schien mit deren Sturz der deutsche Einfluß am Goldenen Horn vernichtet zu sein. Mochte auch im Offizierskorps immer noch eine deutschfreundliche Strömung vorherrschen, so waren doch die jungtürkischen Politiker, die zum großen Teile in Paris die für ihre Gesinnung entscheidenden Eindrücke empfangen hatten, französisch und englisch gesinnt. Sie warfen Deutschland vor, es habe den Absolutismus gestützt, und neigten darum immer mehr zu den beiden „liberalen" Westmächten hin. Daß nun die Agenten der Triple-Entente und die bestochene Presse in Konstantinopel nach der in der ganzen Welt bewährten Methode gegen Deutschland arbeiteten, ist selbstverständlich. Aber sogar diese mit allen Mitteln ausgenützte günstige Gelegenheit vermochte den französisch-englischen Einfluß nicht dauernd zur Herrschaft zu bringen. Auch die Jungtürken sahen schließlich, was sie von England und Frankreich, dem Verbündeten Rußlands, zu erwarten hatten. Der von der Triple-Entente vorbereitete Balkankrieg und die Art, wie die englische Marinemission die türkische Flotte „reformierte", befreiten auch die Letzten, die noch hoffnungsvoll nach Paris und London schauten, von ihren Illusionen. Nach wenigen Jahren ging daher die deutsch-türkische Freundschaft aus der Krisis viel fester hervor, als sie je unter Abdul-Hamid gewesen war.

Auch unser Bundesgenosse Österreich-Ungarn hat — aus anderen Gründen aber in ebenso starkem Maße wie wir — ein Interesse, die slawische Weltmacht nicht ans Goldene Horn vordringen zu lassen. Würde Rußland sein Ziel erreichen, so hätte Österreich am Balkan nichts mehr zu sagen; nicht nur seine Großmachtstellung, sondern überhaupt seine staatliche Existenz wäre in Frage gestellt. So ist Österreich aus einem früheren Gegner zu einem Freund der Türkei geworden, und auch diese Freundschaft hat nach der Annexion Bosniens und der Herzegowina eine schwere Krisis überwunden.

Die jetzige deutsch-österreichisch-türkische Waffenbrüderschaft ist also nicht das Resultat diplomatischer Künste und Intriguen wie die Triple-Entente, sondern durch die natürliche, dauernde Interessengemeinschaft aller drei Reiche geschaffen, und die Türkei ist ein vollwertiges Glied dieses Dreibundes. An äußeren Machtmitteln steht sie freilich hinter ihren beiden starken Freunden weit zurück; aber Deutschland und Österreich sehen in ihr mit Recht mehr als den osmanischen Staat, der die wirtschaftlichen Unternehmungen in Kleinasien schützt und die Russen hindert, den Bosporus und die Dardanellen in Besitz zu nehmen; sie haben durch sie eine geistige Weltmacht für sich gewonnen, den Islam.

Diese Bedeutung der Türkei hat Deutschland schon beim Beginn seiner Orientpolitik klar erkannt. Da es selbst — im Gegensatz zu England, Frankreich und Rußland — nicht viele und jedenfalls keine kulturell hochstehenden Muslime in seinen Kolonien hat — die Muhammedaner Deutsch-Ostafrikas und des Hinterlandes von Kamerun dürfen wir darum unberücksichtigt lassen —, konnte es den internationalen Zusammenhang des Islams betonen und den Sultan ohne Vorbehalt als Chalifen, d. h. als Nachfolger des Gesandten Gottes in der weltlichen Leitung aller Muslims, anerkennen. Auf seiner Palästinafahrt sandte am Grabe Saladins der Deutsche Kaiser dem Chalifen in Stambul seinen Gruß und erklärte, er sei der Freund der 300 Millionen Muhammedaner, die auf der Erde verstreut leben. Diese Kundgebung machte einen gewaltigen Eindruck auf den ganzen Orient.

Heute können wir die Früchte dieser klugen, weitausschauenden Politik ernten. Hinter der Türkei steht trotz der Rassengegensätze und der Sektenbildung wirklich der ganze Islam — für einstweilen allerdings nur mit seinen Sympathien, noch nicht mit äußerer Macht. Es wäre vermessen, nun im einzelnen prophezeien zu wollen, welche Muslime sich gegen ihre europäischen Unterdrücker erheben und mit der Türkei und uns gemeinsame Sache machen werden, und ob schließlich der gesamte Islam in den Weltkrieg eingreifen wird. Wenn ich Ihnen gerade auf diese Fragen, die uns am meisten bewegen, keine Antwort geben kann, so wird es für die richtige Einschätzung auch der heutigen Lage und der kommenden Dinge doch nicht wertlos sein, wenigstens zu untersuchen, in welcher Weise der ganze Islam zusammenhängt und wie er sich zum Chalifen in Konstantinopel stellt, mit anderen Worten, wie die Erscheinung, die wir mit einem nicht ganz glücklichen Schlagwort Panislamismus nennen, historisch zu erklären ist.

Der Panislamismus ist etwas vollkommen anderes als der Panslawismus, an den die Bezeichnung erinnern könnte. Während dieses der russischen Regierung so bequeme Ideal der Vereinigung aller Slawen erst auf Grund von Rassentheorien gewaltsam konstruiert wurde, ist der Zusammenschluß aller Muhammedaner in einem Reich seit den ältesten Zeiten einer der wichtigsten Gedanken des Islams überhaupt gewesen.

Bei seinem ersten Auftreten wandte sich allerdings Muhammed nur an seine Stammesgenossen in Mekka; er wollte der mekkanische Prophet sein, so wie nach seiner Auffassung die Juden in Moses und die Christen in Jesus ihren besonderen Propheten gehabt hatten. Es war ein Glück für seine Sache, daß er in seiner Vaterstadt fast nur Spott und Hohn und Feindschaft erntete. Gerade der Mißerfolg, den er in Mekka erlitt, hat den Islam zu einer Weltreligion gemacht; denn die Hedschra, die freiwillige Loslösung Muhammeds von seinem Stamme und seine Auswanderung in eine stammes fremde Stadt, hob seine Religion über die Stammesbegriffe, die bis dahin das ganze Leben der Araber beherrscht hatten, hinaus. Nachdem Muhammed im Glauben an seine göttliche Sendung den schwersten Schritt, den es für einen Araber gab, getan, in seiner neuen Heimat, von deren durch Bruderfehden entzweiten Einwohnern ein Teil ihn sogar als Vermittler und Friedensstifter anrief, Anhänger gefunden und durch seinen glänzenden Sieg bei Bedr auch die Zweifler von der Wahrheit seines Prophetentums überzeugt hatte, war für ihn nicht mehr die Stammeszugehörigkeit, sondern die Religion das verbindende Moment. So verdrängte die Idee der Einheit des Islams nach und nach den urarabischen Gedanken der Stammeseinheit; die Religionsgemeinschaft übernahm nun die Pflichten und Rechte des Blutsverbandes; die Muslime betrachteten sich als Brüder und bildeten ein geschlossenes Ganzes gegenüber allen Außenstehenden, mochten diese auch Stammesgenossen sein. Schon die medinensische Gemeinde hat also das allislamische Ideal geschaffen und es praktisch in weitem Umfange durchgeführt, da Muhammed alle religiösen und weltlichen Dinge einheitlich leitete; so ist jene Urzeit für immer das islamische Vorbild geblieben. Etwas anderes will letzten Endes auch der heutige Panislamismus nicht, als die vollkommene Gleichstellung der Muslime aller Nationen und ihre Vereinigung in einem einzigen Staate mit theokratischer Regierungsform.

Freilich hat es in Wirklichkeit wenige Jahrzehnte nach Muhammed ganz anders ausgesehen. Der Chalife Omar, der geniale Organisator des arabischen Imperiums, hatte den Staat auf den religiösen und nationalen Gegensatz der herrschenden arabischen Muslime und der tributzahlenden, nicht arabischen Ungläubigen aufgebaut. Dies Prinzip suchte man dadurch aufrecht zu erhalten, daß die Nichtaraber, die zum Islam übertraten, sich als Klienten einem der arabischen Stämme anschließen mußten. Die altarabischen Stammesbegriffe lebten also wieder auf! Zudem waren jene Neubekehrten in den Augen der welterobernden Wüstensöhne und der mekkanischen Adligen, die schon unter Osman, dem dritten Chalifen, und dann besonders durch die Dynastie der Omajjaden die Herrschaft an sich rissen und in blutigen Bürgerkriegen behaupteten, doch nicht vollwertige Muslime. Omar II (717—720), der die Gleichberechtigung herstellen wollte, starb, bevor er seine Pläne ausführen konnte. Natürlich wehrten sich die Zurückgesetzten, sobald die Völkerwanderung aus dem Innern Arabiens — denn eine solche war zugleich die Ausbreitung des Islams — aufhörte, und sie sahen, wie schwach im Grunde die arabische Oberschicht war. Besonders die Perser, als die kulturell Höherstehenden, verachteten die arabischen Barbaren, die die Herren spielen wollten; schließlich gewannen im Abbasidenreich, das schon äußerlich durch Verlegung des Reichszentrums von Damaskus nach dem neugegründeten Bagdad, dem Einfluß der geistig überlegenen Iranier ausgesetzt war, diese die Oberhand und nützten sie so aus, daß der Idealzustand der Gleichheit und gegenseitigen Achtung aller Muslime noch weniger erreicht war als früher. Erst als das arabische und das persische Element sich erschöpft hatten, kam das alte islamische Zusammengehörigkeitsgefühl wieder zum Durchbruch. Die Türken, die nun — zuerst als Praetorianer am Chalifenhofe in Bagdad, dann durch eigene Staatengründungen — die politische Führung des muhammedanischen Orients übernahmen, hatten es daher leichter, sich jenem Ideale anzupassen. Allerdings verachteten die Araber die Türken und die Türken die Araber, aber als Muhammedaner anerkannten sich beide als gleichwertig. Gerade weil immer mehr Nationen den Islam annahmen, war es nicht mehr so schwer, die Gegensätze der Rassen und Sprachen vor der religiösen Einheit zurücktreten zu lassen. Die Mongolenstürme, die die Türkenreiche zwar schwer erschütterten, aber nicht für immer vernichteten, beeinflußten diese innerislamische Nivellierung eher günstig. Daß das eigentliche Persien für immer seine besonderen Wege ging, indem es der Hauptvertreter der Schiʿa, der ursprünglich rein arabischen Partei Alis und seiner Nachkommen, wurde, und daß auch in andern Teilen der muslimischen Welt, vor allem in Nordafrika, lange Zeit schiʿitisch gerichtete, heterodoxe Dynastien herrschten, war keine zu große Einbuße gegenüber dem Gewinne, den nach und nach die Türkenzeit dem Panislamismus brachte. Nach manchen Krisen und Schwankungen hatte sich das Ideal der Ebenbürtigkeit aller Muhammedaner doch durchgesetzt.

Um so wichtiger wäre es gewesen, daß eine einheitliche Leitung im Sinne des Urislams auch äußerlich alle Gläubigen zusammengehalten hätte. Muhammed selbst und die ersten Chalifen hatten noch alle geistliche und weltliche Macht inne. Aber als die irreligiösen Omajjaden, die früheren Gegner des Propheten, sich die Herrschaft anmaßten und an Stelle Medinas Damaskus zur Residenz machten, da waren die neuen Gewalthaber, obwohl sie sich auch Chalifen nannten, tatsächlich nur noch weltliche Herrscher.

Die islamische Religion lebte am reinsten zu Medina, der alten Reichshauptstadt, in den Genossen des Gesandten Gottes und ihren Jüngern weiter. Der Stand der Theologen, der aus diesen hervorging, wurde bald allgemein als geistlicher Leiter und Hüter des Islams anerkannt. Daran änderte sich selbst dann nichts, als die religiös sehr interessierten Abbasiden Chalifen geworden waren; auch ihre „Nachfolgerschaft des Propheten" war kein Papsttum, sondern nur eine weltliche Herrschaft. Die türkischen Praetorianer am Hofe und ehrgeizige Statthalter in den Provinzen brachten es allerdings bald so weit, daß es auch um die irdische Macht des Chalifates kläglich bestellt war. Schließlich zerfiel das stolze Abbasidenreich in selbständige Sultanate. Die Besetzung Bagdads durch die Mongolen im Jahre 1258 nahm dem Chalifen den letzten Rest politischen Einflusses. Aber gerade dieser völlige Verlust jeglicher Herrscherstellung gab ihm in den Augen des Volkes wieder ein gewisses religiöses Ansehen; denn da er nun einmal der Nachfolger Muhammeds in der Leitung der Gemeinde war, diese aber nicht wie früher ausüben konnte, erinnerte man sich daran, daß der Chalife einst auch der geistliche Führer gewesen war. So wurden für das Volksempfinden die späteren, vollkommen ohnmächtigen Abbasiden wieder die den ganzen Islam zusammenhaltenden Nachfolger Muhammeds. Es war daher ein sehr geschickter Schachzug des Osmanensultans Selim (desselben, dessen Namen jetzt unser Kreuzer „Goeben" trägt), daß er im Jahre 1517 den in Ägypten residierenden Abbasiden zwang, die Chalifenwürde ihm abzutreten. Seitdem sind die Herrscher in Stambul die Nachfolger des Propheten. Zwar haben auch sie keinerlei Lehrautorität und sind ebenso wenig Päpste wie ihre Vorgänger in Damaskus und Bagdad. Ja, nach Ansicht der meisten Juristen können sie überhaupt nicht das Chalifat bekleiden, weil sie nicht vom Stamme Muhammeds, nicht einmal arabischen Blutes sind. Aber jener religiöse Nimbus ging auch auf sie über und erhöhte ihre Macht. Da sie ja zugleich die dem Nachfolger des Propheten rechtmäßig zukommende und nur den schwachen Abbasiden verloren gegangene weltliche Herrschaft mit starker Hand ausübten, erhielt nun das Chalifat wieder eine größere Bedeutung.

Die Einheit des Islams, die auf der Ebenbürtigkeit und dem Zusammenhalten aller Muhammedaner und der wenigstens theoretisch anerkannten politischen Leitung des Gesamtislams durch den Chalifen beruht, ist aber zu dem Panislamismus, mit dem wir heute, im Weltkrieg, rechnen, erst durch das Vordringen Europas geworden. Seit es für uns die orientalische Frage gibt, bewegt den Orient, wenn ich so sagen darf, die „europäische Frage". Die Eroberungen abendländischer Großmächte in Asien und Nordafrika haben für den Islam eine ganz neue Lage geschaffen. Politische Krisen und tyrannische Gewaltherrschaften waren in den muslimischen Ländern wahrlich nichts Ungewöhnliches. Aber es spielte sich doch alles wenigstens innerhalb der islamischen Welt ab; die alten Ideale ließen sich zur Not noch in der Theorie aufrecht erhalten, und auch die muhammedanische Theologie zeigt sich den Unvollkommenheiten dieser Welt gewachsen. Nun aber kam das Neue, Unerhörte. Nicht etwa bloß Gebiete an der Peripherie wie Niederländisch-Indien und Ostafrika, wo ja der Islam selbst zum Teil erst ziemlich spät Fuß gefaßt hatte, nein, uralter islamischer Boden mit einer glänzenden, ruhmreichen Vergangenheit fiel in die Hände der Ungläubigen. Da der Orientale Staat, Religion und Kultur nicht auseinanderhalten kann, so ist für ihn die politische Herrschaft einer europäischen Großmacht zugleich ein Sieg des Christentums und der abendländischen Zivilisation über den Islam und die orientalische Kultur. Mögen z. B. die Russen in Turkestan, Chiwa und Buchara und die Franzosen in Algier die Muhammedaner noch so geschickt und vorsichtig behandeln, und mögen diese sich äußerlich noch so gut in die neuen Verhältnisse finden, in ihrem Inneren werden sie stets ihre Herren hassen.

Nun erhielten die alten Ideale der Einheit des Islams und des brüderlichen Zusammenhaltens aller Muslime einen besonderen Wert Es ist eine Ironie der Geschichte, daß die durch das europäische Vordringen erzeugte religiöse Bewegung von den muhammedanischen Theologen mit *europäischen* Mitteln verbreitet und vertieft wurde und gerade dadurch ihr besonderes Gepräge erhielt. Für den geistigen und materiellen Güteraustausch zwischen Abendland und Morgenland brachte zwar das politische Vordringen Europas nicht etwas wesentlich Neues, sondern nur eine gewaltige Steigerung; denn die Beziehungen zwischen Orient und Okzident waren stets rege gewesen, zumal ja die beiden Welten sich im Mittelalter innerlich viel näher standen, als nach der Renaissance und der Reformation. Die modernen, vom Abendland geschaffenen Verkehrsmittel und die Druckerpresse haben aber nicht nur eine festere und kürzere Brücke vom Westen nach dem Osten geschlagen, sondern — und das ist für uns das Wichtigste — auch die Muslime aller Länder einander so nahe gebracht, daß jetzt zum ersten Mal eine einheitliche geistige Leitung *aller* Muhammedaner möglich wurde. Besonders die Kairiner Presse bemüht sich, auf den *ganzen* Islam zu wirken. Ein wichtiges Bindemittel ist dabei das klassische Arabisch, die heilige Sprache des Koran. Es ist, als ob der muslimischen Welt durch die in Kairo veranstalteten Editionen der berühmten Werke, die nun jedem zugänglich sind, eine späte Renaissance zu Teil werden sollte. In naiver Entdeckerfreude studiert man die altarabischen Texte mit der gleichen Liebe und Begeisterung wie bei uns im 15. Jahrhundert, als das klassische Altertum wieder auflebte, die griechischen. Auch in den nichtarabischen Ländern, in der Türkei, in Persien, in Indien, ja selbst in China haben diese Studien in den letzten Jahren einen ungeahnten Aufschwung genommen.

Wie für diesen kulturellen und literarischen Panislamismus Kairo der Ausgangspunkt ist, so ist Mekka der Mittelpunkt der *religiösen* Bewegung. Die Pilgerfahrt zu den heiligen Stätten mindestens einmal im Leben zu machen, ist Pflicht für jeden Muslim. Ungezählte Tausende kommen jedes Jahr dort zusammen und sehen ihre Brüder aus der ganzen Welt, und wenn sie heimkehren, dann erzählen sie von der Herrlichkeit und der völkerverbindenden Kraft des Islams, die sie geschaut haben. Aber nicht nur für den schlicht Frommen, der sehen und erleben will, ist Mekka das Zentrum. Auch die führenden Theologen haben wie einst in Medina so jetzt bei der Ka'ba ihren Sitz. Zwar sind noch heute auch manche andern Orte, vor allem Kairo, Stätten muslimischer Gelehrsamkeit; für die theologische Begründung und Formulierung der panislamischen Ideen und ihre Verbreitung unter den Gläubigen, wozu eben der Haddsch eine einzigartige Gelegenheit bietet, ist jedoch Mekka die wichtigste geworden. Mag die muslimische Wissenschaft immer noch mittelalterliche Scholastik sein, so hat das europäische Vordringen auch in die Disputationen jener Gelehrten neues Leben gebracht. Die Ideale der großen Zeit des Islams erstehen wieder, und als höchstes gilt auch diesen Männern die Wiederaufrichtung eines all-muslimischen Reiches. Mit Spannung und banger Erwartung verfolgen sie alle Erscheinungen, von denen diese Neuschöpfung ausgehen könnte. In den achtziger Jahren glaubte man eine Zeitlang, der Mahdi von Chartum werde der Erlöser sein. Als er nicht hielt, was man von ihm erwartete, da schaute man auch von Mekka, wo man sich früher gegen die Chalifatsansprüche der Türkensultane eher ablehnend verhalten hatte, hoffnungsvoll nach Konstantinopel. Wie Abdul-Hamid diese Lage ausgenützt hat, ist ein Beweis seines außerordentlichen diplomatischen Geschickes und seines politischen Weitblicks. Auch er war ebensowenig ein Papst wie seine Vorgänger, und die Würde des Beherrschers aller Gläubigen hatte gerade unter ihm, seit dem russisch-türkischen Krieg, an Glanz verloren; weil Gott ihn nicht unterstützt hatte, konnte er nach muslimischer Auffassung gar nicht der richtige Nachfolger Muhammeds sein. Aber nun, etwa Anfang neunziger Jahre, wußte er die Zukunftshoffnungen der ganzen islamischen Welt auf sich zu lenken. Die religiösen und literarischen Zentren der muhammedanischen Bewegung sind zwar Mekka und Kairo geblieben, aber in der praktischen Arbeit, in der Propaganda für ein großislamisches Reich ergänzte und erweiterte Abdul-Hamid's Wirksamkeit die Tätigkeit der mekkanischen Theologen und der Kairiner Schriftsteller. Der an sich nicht bedeutende, für die Stimmung der Orientalen aber sehr wichtige Sieg über die Griechen brachte ihn seinem Ziele rasch näher. Das Zeichen der Anerkennung des Chalifen durch die Gemeinde ist das Gebet für ihn im Freitagsgottesdienst. Daß es in der Türkei und den Ländern, die noch vor kurzem zu ihr gehörten, stattfindet, ist selbstverständlich. Aber Abdul-Hamid brachte es dazu, daß dieser heilige Brauch auch dort, wo er längst verschwunden war oder überhaupt nie geherrscht hatte, wie in den Gebieten, die niemals zum Chalifenreich gehört hatten, aufgenommen wurde. Selbst in Britisch-Indien und in Ostafrika beten die Muslims für den Chalifen. In

Daressalam z. B. hat heute diese jeden Freitag im zweiten Teile der Predigt gesprochene Fürbitte folgende Form:

„Mein Gott, mache mächtig den Islam und die Muslime und lasse dauernd Hülfe und Stärkung zuteil werden deinem Knechte, dem Sultan Muhammed, dem Sohn des Abdul-Medschid (das ist der jetzt regierende Mehmed V.) — Gott möge seine ruhmreiche Herrschaft ewig bestehen lassen — und sei, o Gott, sein Stärker, sein Behüter und sein Helfer, o du, in dessen Hand das Schicksal dieser und jener Welt liegt. O Gott, laß wohlbehalten sein die Sache dessen, den du über die Angelegenheiten des Landes gesetzt und dem du die Entscheidung übertragen hast über Städter und Nomaden. Setze Mitleid und Erbarmen in sein Herz gegenüber den Knechten Gottes; du bist freigebig und gütig.“ (Der Islam II, 17 f.)

Die europäischen Mächte, die die Erlaubnis zu dieser Fürbitte gaben, sind von der Anschauung ausgegangen, der Chalife sei das geistliche Oberhaupt, eine Art Papst, der Muhammedaner. Natürlich hat Abdul-Hamid sie über ihren Irrtum nicht aufgeklärt und seinerseits das religiöse Ansehen, das er bei den muslimischen Massen genoß, zu heben versucht. Aber in der Fürbitte im Freitagsgebet lag für ihn und alle Muhammedaner die Anerkennung seiner politischen Ansprüche auf die ganze islamische Welt. Selbst das schi'itische Persien schloß Abdul-Hamid mit Erfolg in seine Pläne ein; vielleicht schwebte schon ihm ein Bündnis der asiatischen Islammächte, Türkei, Persien und Afghanistan vor, das ja jetzt, wie es scheint, Tatsache geworden ist.

Wie weit es Abdul-Hamid gelungen ist, den Panislamismus im geheimen zu organisieren, ist schwer zu beurteilen. Die politische Bedeutung der Orden und Bruderschaften, die der Sultan allerdings für seine Zwecke zu gebrauchen suchte, ist weit überschätzt worden. Daß manche dieser Tarikas sich im Geheimen zu durchaus häretischen Lehren voll unislamischer Elemente bekennen, fällt allerdings wenig ins Gewicht. Muslimisch sind sie doch, und die meisten Orden sehen sich trotz großer Unterschiede gegenseitig als gleichberechtigt an; auch die zum Teil mit ihnen verwandten muhammedanischen Sekten beeinträchtigen nicht in dem Maße, wie man oft glaubt, die Einheit des Islam.

Aber wenn auch einzelne Orden es verstehen, im Volke die religiöse Stimmung, die die Vorbedingung panislamischer Betätigung ist, zu wecken, so dürfen wir in ihnen doch keinesfalls Vereinigungen politischer Agenten sehen. Nur der Senusi-Orden, der seinen Hauptsitz in Innerafrika hat, wirkt in seiner Weise eifrig und erfolgreich für die panislamische Sache. Aber gerade die Senusija wollte zuerst vom osmanischen Chalifen nichts wissen, sondern von sich aus das urislamische Reich wieder aufrichten. In den letzten Jahren hat allerdings eine Annäherung zwischen den Trägern des Panislamismus in Konstantinopel und den Senusis stattgefunden, und heute dürfen wir annehmen, daß diese trotz ihrer früheren Feindschaft gegen die Türken bereit sind, mit den panislamischen Idealen im Sinne Abdul-Hamids Ernst zu machen. Aber das Gebiet, in dem sie wirklich eine Macht sind, ist im Verhältnis zur gesamten islamischen Welt nicht groß. Trotz der Tätigkeit Abdul-Hamids ist der Panislamismus als Ganzes bis jetzt keine Organisation, sondern ein Gefühl gewesen, die Neubelebung der altislamischen Ideale als Reaktion auf das Vordringen Europas.

Wir dürfen uns auch heute nicht der Hoffnung hingeben, der ganze Islam lasse sich mobilisieren wie eine Armee, und es sei dazu nur der Befehl des Chalifen und die Erklärung des heiligen Krieges nötig. Die unter europäischer Herrschaft stehenden Muslime werden sich niemals aus eigener Kraft erheben. Es ist mir zudem fraglich, ob der Sultan überhaupt den heiligen Krieg proklamieren wird; er kann dabei zwar viel gewinnen, aber auch Alles verlieren. Bis jetzt sind die osmanischen Chalifen und die Scheichül-Islam in Stambul darin sehr vorsichtig gewesen. Trotz aller religiösen Begeisterung werden die Muslime im asiatischen Rußland und in Nordafrika, die für Aufstände am meisten, viel eher als etwa die indischen Muhammedaner, in Frage kommen, nicht zu Taten schreiten, bevor sie gesehen haben, daß wirklich Allah dem Chalifen und seinen Freunden hilft. Genau so, wie die mekkanischen Theologen den Mahdi von Chartum erst anerkennen wollten, wenn er durch den Erfolg seine Ansprüche bekräftigt hätte, und ihn fallen ließen, als er sich doch nicht endgiltig durchzusetzen vermochte, so werden jetzt die unterdrückten Muslime warten, bis türkische Siege ihnen zeigen, daß der große Tag der Befreiung und Vergeltung gekommen ist, und der Chalife, der sie zum Kampfe führt, der wahre Nachfolger Muhammeds ist. Dann allerdings kann der Islam eine furchtbare Macht werden, die unsere Gegner gerade an den verwundbarsten Stellen treffen und den Sieg über Russen, Franzosen und Engländer erst vollständig machen wird. Wenn einmal Persien und Afghanistan, die Verbündeten der Türkei, in offenem Kampfe mit Rußland und England stehen, die russischen Muhammedaner, die als Stammverwandte der Türken zugleich für ein nationales Ziel, die Vereinigung zu einem großen Reiche unter einem türkischen Herrscher, kämpfen werden, von Zentralasien bis zum Kaukasus sich erhoben haben, dann ist es doch nicht ausgeschlossen, daß die Bewegung selbst nach dem Nordwesten Indiens übergreift. Dort sind zwar die Muslime von den Engländern so gut behandelt und so geschickt gegen die Hindus ausgespielt worden, daß sie für einstweilen bei einem Aufstande mehr verlieren als gewinnen könnten. Auch spielen unter ihnen mehrere heterodoxe Sekten, die selbst durch das Vordringen Europas den inneren Anschluß an den großen sunnitischen Islam nicht wieder gefunden haben, eine ziemlich bedeutende Rolle. Aber solche Bedenken und Hemmungen wären hinfällig, sobald der große Gedanke der Vereinigung aller Muslime in einem Reich ausführbar schiene. Diesem Ideal, wenn es erreichbar scheint, opfern die meisten Muslime, auch die indischen, freudig alles; denn die Zahl derer, die schon so europäisiert und durch wirtschaftliche Vorteile so an der abendländischen Herrschaft interessiert sind, daß sie unter keinen Umständen mittun würden, ist doch nicht groß. Dann ist es schließlich ziemlich gleichgültig, ob der europäische Herr, wie Frankreich in Algier und Tunis, in einer — wir müssen es zugestehen — überaus verständnisvollen Weise alles getan hat, um den Orientalen zu versöhnen und an sich zu ketten, oder, wie England (im Gegensatz zu seiner indischen Politik) in Ägypten, die Muslime lange Zeit so verständnislos wie möglich behandelt hat. Auch der gute Herr ist für den Muslim der Feind und Unterdrücker, sobald eben weltgeschichtliche Ereignisse die Emanzipation des ganzen Orients möglich erscheinen lassen. Das gerade gibt dem heutigen Panislamismus, trotzdem er nicht fest organisiert ist, seine Kraft, daß er im tiefsten Grunde nicht nur eine religiöse und politische Bewegung, sondern überhaupt die Auseinandersetzung des Morgenlandes mit dem Abendlande, ein Versuch zur Lösung der „europäischen Frage“ ist.

Aber wenn das das wahre Gesicht des Panislamismus ist, können wir uns dann über ihn freuen, können wir es verantworten, für ihn Partei zu ergreifen, ihm den Sieg zu wünschen und seine Erfolge zugleich für uns auszunützen, ist dann nicht die Gefahr, die er für Europa bedeutet, größer als der Vorteil, den er uns jetzt bringen kann? Nun, vorerst stehen wir im Weltkriege, in dem gerade die europäischen Großmächte, die die meisten Muhammedaner beherrschen, sich verschworen haben, Deutschland zu vernichten. Wir müssen mit allen Mitteln versuchen, den Angriff abzuwehren und die Friedensstörer unschädlich zu machen. Wenn es nun der Türkei gelingen sollte, den ganzen Islam zur Erhebung gegen Rußland, England und Frankreich zu bringen, und die großen panislamischen Kräfte lebendig werden, dann wollen wir uns nur freuen über diese Hilfe. Daß es jetzt nicht die Zeit zu Erörterungen über Rassen und Religionen ist, sondern daß man die Hilfe nimmt, wo man sie findet, das haben uns ja gerade unsere Feinde gelehrt. In Frankreich stehen sogar Muslime, die gezwungen worden sind, an der Seite ihrer Herren zu kämpfen. Mögen sie jetzt noch so tapfer gegen uns fechten; wenn der Tag der allgemeinen islamischen Erhebung kommt, wird das, was sie mit ihren Volksgenossen und Glaubensbrüdern verbindet, vielleicht doch stärker sein als die französische Disziplin. Der Islam kann also uns in diesem Kriege nur nützen, und das neue Elend und die Schrecken, die die Erhebung des Orients über die Menschheit bringen wird, müssen die Männer in London, St. Petersburg und Paris verantworten, die den Krieg auf dem Gewissen haben.

Doch selbst wenn wir einen Augenblick versuchen, nicht an den gegenwärtigen Kampf, sondern an die kommenden Zeiten zu denken, so glaube ich nicht, daß die islamische Erhebung auch für uns schlimme Folgen haben könnte. Orient und Okzident werden in ihrem innersten Wesen freilich immer zwei verschiedene Welten bleiben; aber eben darum soll jener auch sein Recht haben. Gerade wenn der Orient errungen hat, was ihm zukommt, wird die heutige Form des Panislamismus von selbst verschwinden; dann wird der Islam mehr als bisher fähig sein, so weit es für ihn gut ist, abendländische Kultur in sich aufzunehmen. Der einzige noch wirklich unabhängige muslimische Staat, die Türkei (Afghanistan ist noch in zu primitiven Verhältnissen, als daß wir es hier berücksichtigen müßten), hat in den letzten Jahren gezeigt, daß er in viel höherem Grade, als man ihm zugetraut hatte, sich unserer Zeit anzupassen weiß. Die panislamische

Bewegung, die allein ich Ihnen zu erklären versucht habe, weil sie für die Stellung des Orients zum gegenwärtigen Kriege am wichtigsten ist, schließt ganz anders geartete Strömungen nicht aus. Wie wir in der Seele des Orientalen oft in einer für uns unverständlichen Weise echte tiefe mystische Frömmigkeit und sehr irdische Geschäftsklugheit neben einander finden, so kann auch der Islam vollkommen heterogene Dinge in sich vereinigen, und nur das unselige, uns von Jugend auf geläufige Schlagwort von der „Starrheit" des Islams verschließt dem Europäer meistens das Verständnis dafür. Die islamischen Ideale sind freilich die gleichen geblieben. Aber in der Praxis mußte der Islam stets Krompromisse schließen, und diese sind dann wieder zu einem System der Dinge vereinigt worden, die zwar dem Urislam widersprechen würden, die aber durch allgemeine Übereinkunft gebilligt worden sind und so doch wieder einen Teil des Islams selbst bilden.

Durch die Revolution und die Einführung der Verfassung ist die Türkei ein moderner Staat, in dem alle Religionen und Nationen gleiche Rechte haben, geworden. Es ist aber bezeichnend, daß die Jungtürken nie daran gedacht haben, den islamischen Charakter des Staats und das Chalifat mit seinen internationalen Ansprüchen aufzugeben. Was ich über diese Dinge gesagt habe, gilt also ebensosehr für die Zeit Mehmed V. wie für die Abdul-Hamids. Der innere, geistige Ausgleich zwischen modernem und islamischem Staate ist allerdings noch nicht vollzogen; es wird noch einige Zeit dauern, bis die muslimischen Gelehrten die Formel dafür gefunden haben. Daß sie aber diese Formel finden werden, daß diese durch allgemeine Übereinkunft sanktioniert und so wirklich — mögen auch wir Europäer die beiden Elemente als vollkommen unversöhnlich ansehen — ein moderner islamischer Staat entstehen wird, davon bin ich überzeugt. In der Ausübung ihrer Religion waren ja die Christen schon seit den ältesten Zeiten vollkommen unbehindert; denn so paradox es klingt, der Islam ist theoretisch vielleicht die intoleranteste Religion, praktisch die toleranteste. Zur Zeit des Chalifates von Damaskus beruhte die ganze Finanzwirtschaft des Staates darauf, daß es eine große Menge christlicher Untertanen gab. Als diese massenweise zum Islam übertraten, verlor der Staatshaushalt das Gleichgewicht, und man kam in die größte Verlegenheit. In Bagdad zogen unter den großen Chalifen christliche Prozessionen durch die Straßen der Stadt. Die Osmanen blieben dieser Tradition treu. Wo sonst in der Welt hätten sich z. B. die Athosklöster bis in unsere Tage unversehrt mit all ihren Rechten und ihrer alten Verfassung erhalten können als gerade auf türkischem Gebiete. Die Türken haben Wort gehalten und auch in den Zeiten, als niemand sie hätte hindern können, als das ganze Abendland vor ihnen zitterte, die Christen nicht entrechtet. Die schrecklichen Armeniermassakres hatten niemals rein religiöse Gründe; gerade bei denen, die im Abendland das größte Aufsehen erregten, waren wirtschaftliche und politische Motive ausschlaggebend, und zudem waren die Türken mehrmals die Angegriffenen. Daß dann, wenn die Leidenschaften entfacht sind, die religiösen Gegensätze eine immer größere Rolle spielen, das ist überhaupt orientalisch, nicht im besonderen islamisch.

Es sind also manche mäßigende, hemmende Elemente schon vorhanden, die im Stande sind, dem Panislamismus seine gefährlichen Züge zu nehmen. Nach dem Krieg wird das türkische Reich sich noch weiter zu einem modernen Rechtsstaate entwickeln müssen, und Deutschland kann ihm dabei helfen. Den großen wirtschaftlichen, technischen und wissenschaftlichen Aufgaben, die ihrer harren, werden die Osmanen allein nicht gewachsen sein. Dann werden sie wieder hinausziehen, die deutschen Ingenieure und Kaufleute und Gelehrten, werden die gemeinsame Arbeit, die schon jetzt so reiche Früchte getragen und in der deutschtürkischen Waffenbrüderschaft ihre schönste Weihe erhalten hat, fortsetzen und das Vertrauen, das die Türkei trotz aller Verdächtigungen und Umtriebe der Gegner uns stets geschenkt hat, aufs neue rechtfertigen. Möge dann das siegreiche Deutschland erst recht den deutschen Gedanken hinaustragen ins Morgenland, der neuen Türkei und sich selbst zum Segen!

MIX
Papier | Fördert gute Waldnutzung
FSC® C083411

Zeitfracht Medien GmbH
Ferdinand Jühlke-Straße 7
99095 Erfurt, Deutschland
produktsicherheit@kolibri360.de